25 种
动物告诉你
它们为什么
长这样

大熊猫为什么长了黑眼圈

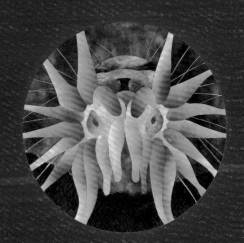
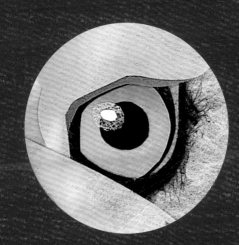

[美] 史蒂夫·詹金斯 罗宾·佩奇 著　邓逗逗 译

新 星 出 版 社　NEW STAR PRESS

亲爱的貘（mò）：
你的鼻子为什么是歪的？

　　在我们人类看来，貘的鼻子很滑稽。但对貘来说，它的鼻子可不是用来搞笑的。貘的鼻子可以扭来扭去，能伸到不易触及的地方搜寻食物。作为草食性动物，这样的鼻子可帮了大忙。

　　很多动物的眼睛、鼻子、嘴巴、羽毛或其他一些部位看起来有点奇怪，甚至有点可怕。但动物们长成这样不是无缘无故的，这些不同寻常之处能帮助它们生存下去。

　　在书中，我们会采访 25 种动物，听它们讲讲自己为什么长这样。

　　那么，貘有什么话要说呢？

　　我的鼻子并不总是弯弯扭扭的。当我想够嫩叶或水果时，我才会扭动它。

亲爱的白兀鹫（jiù）：

你的脸上为什么没有毛？

你真的想知道吗？你确定？好吧，那我告诉你。我吃腐肉时，会把脸伸进动物的尸体里。所以，羽毛会让我的脸一团糟……

亲爱的山魈（xiāo）：

你的鼻子怎么这么鲜艳？

我那红蓝搭配的鼻子是
在警告其他山魈：嘿，
站在你面前的是一只成
年雄性山魈，你们可别招
惹我。我的屁股也同样艳
丽，不过就说到这吧。

亲爱的伞蜥：

你的脖子上戴的
是什么东西？

那是我的伞状皮膜。遇到
威胁时，我就会张开它。
很吓人吧？

亲爱的鹰头鹦鹉：

你这顶滑稽的帽子
哪儿来的？

我可没戴帽子，那是我
的颈冠。遇到威胁时，
我会撑开它，让自己的
个头看起来大一些，更有
威慑力。

亲爱的角雕：

你头上的羽毛
怎么竖起来了？

这可不是因为我害怕，要
知道，我是世界上最大最
凶猛的鸟类之一。头上的
那些羽毛可以引导声波传
入耳朵，让我听得更清楚。

亲爱的叶鼻蝠：

请严肃地回答我，
那真的是你的鼻子吗？

我知道它看起来有点奇怪，但它可以对我发出的高频声波所反射的回声进行分析，从而帮我在飞行时辨别方向和探测目标。

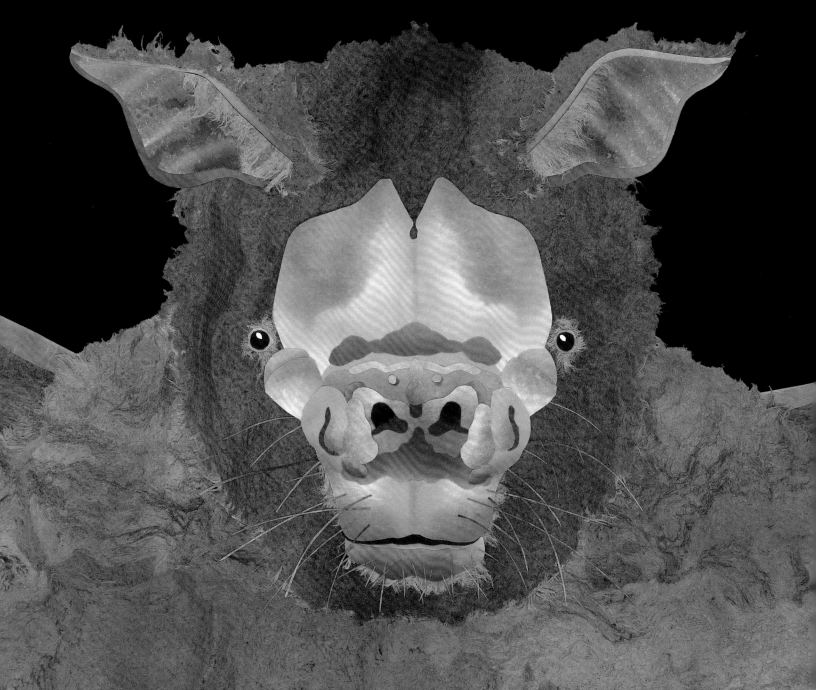

亲爱的角蛙：

你的嘴为什么巨大无比？

这个嘛，我喜欢吃东西，可我没有牙齿，所以我会把猎物整个吞下。不管是昆虫、蜘蛛、老鼠，还是蜥蜴，只要能塞进嘴巴里，统统能吃掉。

亲爱的仓鼠：

你的脸蛋为什么肥嘟嘟？

慢着，那可不是肥肉——是我的晚餐！我把种子和坚果藏在腮帮子里，带回洞穴享用。

亲爱的河鲀：

我真的有点儿担心——
你会不会爆炸呀？

别担心，我不会爆炸。我
用水让自己的身体膨胀
起来，这样大鱼就很难把
我吞进肚里了。

亲爱的大角羊：

你那巨大的角不碍事吗？

它们有时的确有点麻烦。但我是一只雄羊，想赢得雌羊的芳心，我必须和其他雄羊搏斗。打架时我们会用头撞击对方，巨大的羊角可以帮我获胜。

亲爱的鹿豚：

你的獠牙看上去很厉害，你会用它们打架吗？

有时候吧。为了争夺地盘或配偶，我会用獠牙攻击其他雄性。打斗的场面可是相当激烈。

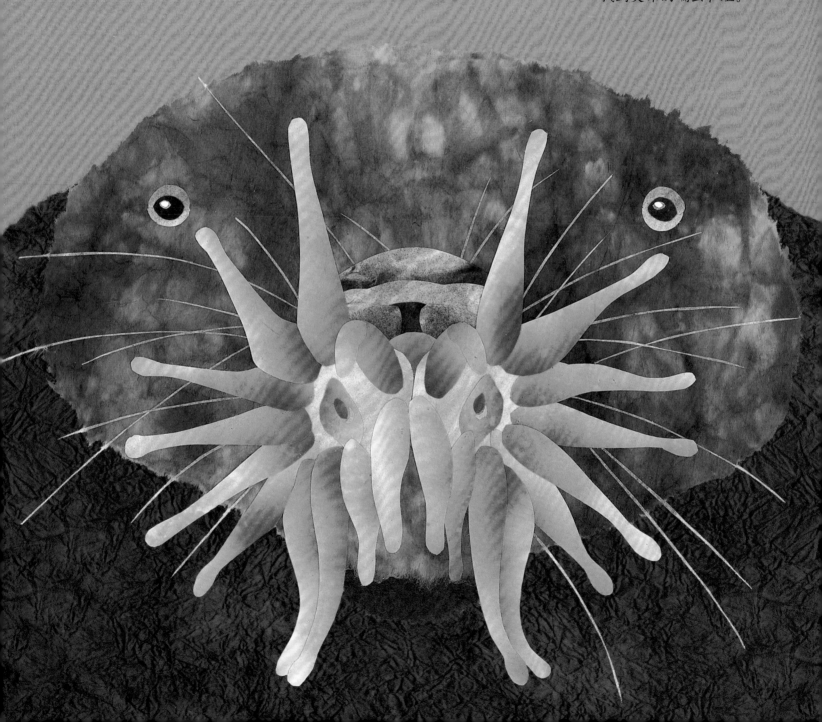

亲爱的星鼻鼹：

你脸上那团奇怪的东西
是什么？

那其实是我的鼻子。我生
活在黑暗的地下，鼻子
上的触手可以帮我探路，
找到美味的蠕虫和蛆。

亲爱的鼹鼠：

你有没有考虑过戴牙套？

没想过，我还得用牙齿挖地道呢。幸亏它们长在嘴唇外面，这样我挖地道时就不会吃一嘴泥了。

亲爱的髭（zī）海豹：

你的胡须那么长，不会痒痒吗？

我不觉得痒啊。我用胡须在海床上探寻螃蟹、蛤蜊和其他好吃的东西。

亲爱的美西螈（yuán）：

你的头上怎么长了羽毛？

那不是羽毛，是我的鳃。有了它们，我在水下也可以呼吸。

亲爱的北美乌樟凤蝶幼虫：

你为什么要盯着我？

哈哈，你被骗了！它们不是眼睛——是我尾巴上的斑点。鸟儿会把我看成蛇，吓得不敢吃我！

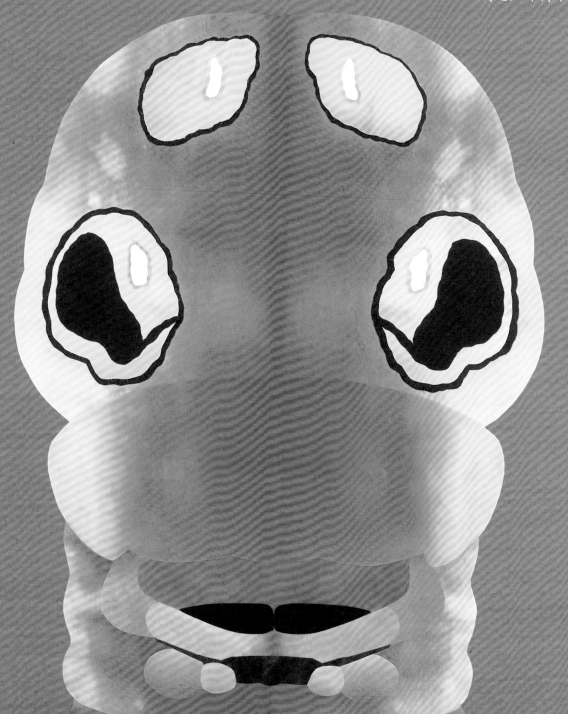

亲爱的大熊猫：

谁给你画了一对黑眼圈？

那可不是画上去的。我们大熊猫天生就有黑眼圈。眼睛周围的黑毛让我看起来更大，更凶猛，以吓退那些捕食者。但愿如此吧。

亲爱的红松鼠：

你耳朵上的毛是为了让你听得更清楚吗？

不是的。它们可以给耳朵保暖。这些毛夏天的时候会掉光，冬天又会长出来。

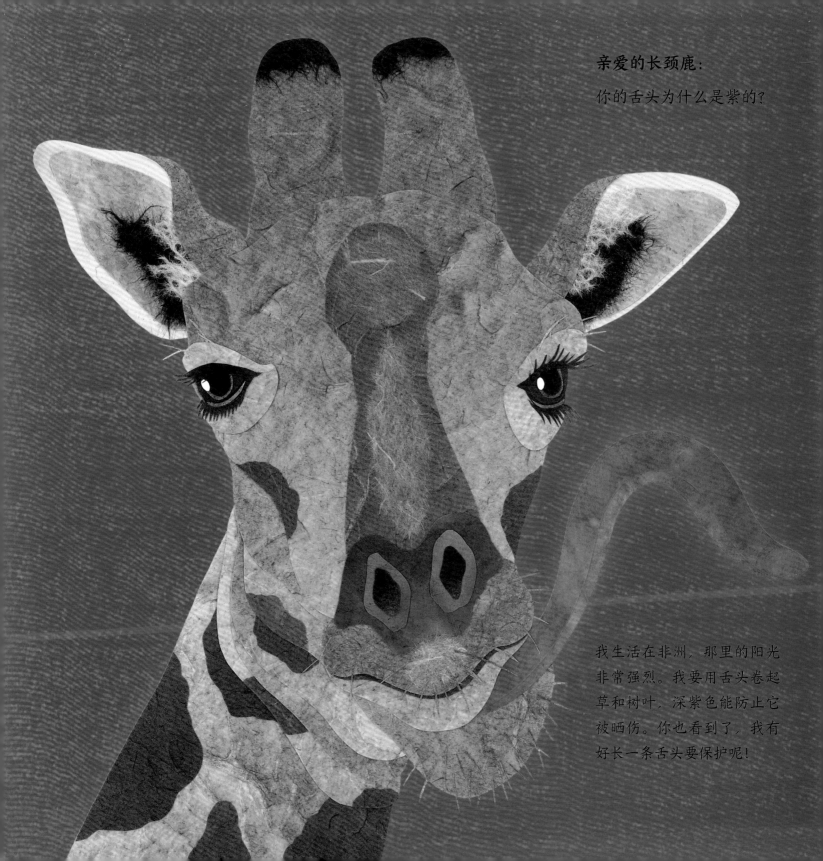

亲爱的长颈鹿：

你的舌头为什么是紫的？

我生活在非洲，那里的阳光
非常强烈。我要用舌头卷起
草和树叶。深紫色能防止它
被晒伤。你也看到了，我有
好长一条舌头要保护呢！

亲爱的水滴鱼：

你究竟怎么了？

只有在干燥的陆地上，我才会变成这样。当我待在深海的家里时，我看上去和别的鱼没什么两样。可一旦离开水，重力就会把我压扁。我平常看起来是这样的：

亲爱的马来熊：

你的舌头为什么这么长？

我喜欢吃蚂蚁和白蚁。长
长的舌头可以直捣蚁穴，
"滋溜滋溜"吃个痛快。

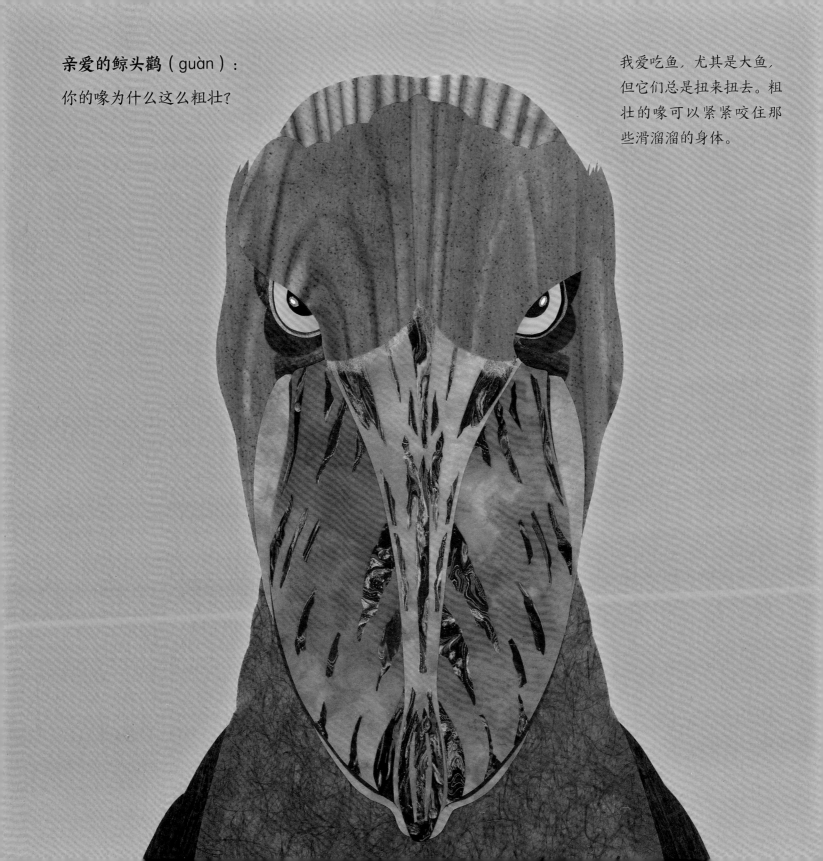

亲爱的鲸头鹳（guàn）：

你的喙为什么这么粗壮？

我爱吃鱼，尤其是大鱼，但它们总是扭来扭去。粗壮的喙可以紧紧咬住那些滑溜溜的身体。

亲爱的棘蜥：

为什么你浑身上下
都是刺？

你想咬我一口吗？大多
数动物都下不了口吧。
而且，这些刺还能把落
在头上的雨水送进我的
嘴里呢。

最后，亲爱的岩蹄兔，你的牙齿真锋利啊！　　　还好啦，我是植食性动
有个问题想问问你：　　你一定很危险吧？　　　物。但必要的时候，我会
　　　　　　　　　　　　　　　　　　　　　　用锋利的尖牙保护自己。

翻到下一页，
了解更多关于这些
动物的知识吧。

貘
食物：叶子、芽、草、
水生植物

山魈
食物：水果、种子、
蛋、小型动物

鹰头鹦鹉
食物：水果、叶子

叶鼻蝠
食物：昆虫

角蛙
食物：昆虫、
爬行动物、小型啮
齿类动物

大角羊
食物：草、
叶子、细枝

这张跨页上所有
的动物，以及成
年人类均以相同
比例绘制。

伞蜥
食物：昆虫、小型动物

仓鼠
食物：水果、种子、
昆虫、腐肉

白兀鹫
食物：腐肉、蛋、
小型动物

角雕
食物：鸟类、蛇、
猴子、树懒

河鲀
食物：藻类、
浮游生物

星鼻鼹
食物：蠕虫、昆虫、
小型水生动物

北美乌樟凤蝶幼虫
食物：月桂叶

红松鼠
食物：坚果、种子、
浆果、昆虫

马来熊
食物：水果、根、
昆虫、小型动物

棘蜥
食物：蚂蚁

髭海豹
食物：蛤蜊、
乌贼、鱼

大熊猫
食物：竹子

鼹鼠
食物：昆虫，
也吃农作物的根

美西螈
食物：蠕虫、
幼虫、小鱼

鲸头鹳
食物：鱼、爬行动物、
小型哺乳动物

鹿豚
食物：水果、
叶子、根

长颈鹿
食物：乔木和
灌木的叶子

水滴鱼
食物：软体动物、
蟹、海胆

岩蹄兔
食物：草、叶子，
偶尔也吃昆虫

献给杰米、亚历克和佩奇

 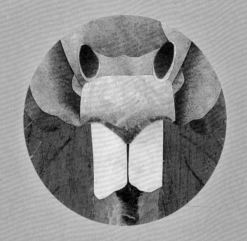 

CREATURE FEATURES: Twenty-Five Animals Explain
Why They Look the Way They Do
by Steve Jenkins and Robin Page
Text copyright © 2014 by Robin Page and Steve Jenkins
Illustrations copyright © 2014 by Steve Jenkins
Published by arrangement with Houghton Mifflin Harcourt Publishing Company
through Bardon-Chinese Media Agency
Simplified Chinese translation copyright © 2018
by ThinKingdom Media Group Ltd.
ALL RIGHTS RESERVED

著作版权合同登记号：01-2017-7586

图书在版编目（ＣＩＰ）数据

大熊猫为什么长了黑眼圈 ／（美）史蒂夫·詹金斯，
（美）罗宾·佩奇著；邓逗逗译. —— 北京：新星出版社，
2018.6（2023.5重印）
　　ISBN 978-7-5133-2801-2

Ⅰ.①大… Ⅱ.①史… ②罗… ③邓… Ⅲ.①动物－
普及读物 Ⅳ.①Q95-49

中国版本图书馆CIP数据核字（2017）第308418号

大熊猫为什么长了黑眼圈

[美]史蒂夫·詹金斯　[美]罗宾·佩奇 著

邓逗逗 译

责任编辑　汪 欣
特约编辑　熊 英 黄 锐
装帧设计　徐 蕊
责任印制　廖 龙
内文制作　田晓波

出　　版　新星出版社　www.newstarpress.com
出 版 人　马汝军
社　　址　北京市西城区车公庄大街丙3号楼　邮编 100044
　　　　　电话（010）88310888　传真（010）65270449
发　　行　新经典发行有限公司
　　　　　电话（010）68423599　邮箱 editor@readinglife.com
印　　刷　北京中科印刷有限公司
开　　本　787mm×965mm 1/12
印　　张　2.67
字　　数　3千字
版　　次　2018年6月第1版
印　　次　2023年5月第6次印刷
书　　号　ISBN 978-7-5133-2801-2
定　　价　45.00元